QUESTION DES SUCRES

ETUDE

SUR LE PROGRAMME DE DOUAI

PAR

H. BERNARD

MEMBRE DE LA CHAMBRE DE COMMERCE DE LILLE

MAI 1867.

LILLE
IMPRIMERIE DE LEFEBVRE-DUCROCQ
Rue Esquermoise, 57.

QUESTION DES SUCRES

ÉTUDE

SUR LE PROGRAMME DE DOUAI

PAR

H. BERNARD

MEMBRE DE LA CHAMBRE DE COMMERCE DE LILLE

MAI 1867.

LILLE

IMPRIMERIE DE LEFEBVRE-DUCROCQ

Rue Esquermoise, 57.

QUESTION DES SUCRES

ÉTUDE

SUR LE PROGRAMME DE DOUAI

MAI 1867.

La question des sucres a, de nouveau, donné lieu à une certaine agitation.

Sur l'invitation du Comité de l'arrondissement de Douai, demandant un envoi de délégués aux divers Comités locaux ; sur l'appel du *Journal des Fabricants de sucre*, qui transforma cette conférence en une assemblée générale, il s'est formé, le 25 avril 1867, dans une salle de l'Hôtel-de-Ville de Douai, une réunion de 70 à 75 personnes. Dans ce nombre, il y avait une cinquantaine de fabricants de sucre, venus les uns pour leur propre compte, les autres comme représentant divers groupes. Le surplus était formé de personnes ayant un intérêt plus ou moins direct dans l'industrie sucrière, tels que commissionnaires, courtiers, journalistes, savants, industriels en quête d'opérations ; il y avait aussi plusieurs habitants de la ville, attirés seulement par la curiosité dans un lieu public.

L'assemblée, après une discussion sommaire, a approuvé le

programme mis à l'ordre du jour par le Comité de Douai et formulé en ces termes :

1º Abolition du droit sur les houilles étrangères ;
2º Abolition des subventions industrielles ;
3º Dégrèvement des sucres ;
4º Révision de la législation dans le sens de l'impôt à la consommation.

L'assemblée a décidé de plus que les différents groupes seraient invités à choisir des délégués, pour reconstituer un comité central, auquel ce programme serait recommandé.

L'objet de cet écrit est d'étudier :

1º La nature et les causes de la crise dont souffre l'industrie sucrière ;

2º Les mesures composant le programme de Douai, au double point de vue de la possibilité de les faire admettre et du soulagement qu'elles pourraient apporter aux intérêts en souffrance.

I.

La crise de la sucrerie se manifeste de diverses manières, notamment par le grand nombre d'établissements mis en vente depuis deux mois, avec plus ou moins de succès. La campagne 1866-67 a été mauvaise pour la plupart des fabricants. En effet, la hausse des salaires et du combustible, combinée avec la faiblesse du rendement de la betterave, a augmenté le prix de revient, tandis que les prix courants suivaient une progression descendante et que la vente était de plus en plus difficile. D'ailleurs la qualité de la betterave influait à la fois sur la quantité et sur la qualité des produits obtenus.

A quoi tient la baisse ? Examinons les divers éléments propres au marché français, ressources, débouchés et stocks, pour les sept premiers mois de chacune des trois dernières campagnes, du 1er septembre au 31 mars.

Les ressources se composent de l'*importation* des sucres coloniaux et étrangers et de la *production* des sucres indigènes. Voici ce qu'elles ont été dans les sept premiers mois des trois campagnes :

	1864-65	1865-66	1866-67
Sucres étrangers, par mer.	42.249 tx	23.469 tx	34.397 tx
» » par terre	16.829	5.863	17.168
Total. .	59.078	29.332	51.565
Sucres coloniaux . . .	37.843	40.495	48.549
» indigènes . . .	144.789	259.599	210.316
Total des ressources.	241.710	329.426	310.430

Les exportations de sucres, à l'état brut, pendant les mêmes périodes, donnent les résultats suivants :

Sucres étrangers. . . .	4.387 tx	14.662 tx	4.799 tx
Sucres coloniaux. . . .	519	4.837	1.167
Sucres indigènes . . .	5.136	40.454	13.453
Total des sucres bruts exportés	10.042	59.953	19.419

Consommation des sucres bruts, mêmes périodes :

Etrangers.	72.227 tx	30.045 tx	53.469 tx
Coloniaux.	34.112	44.131	51.196
Indigènes.	106.313	136.478	127.674
Total. . .	212.652	210.654	232.339

Exportation des sucres raffinés :

	1864-65	1865-66	1866-67
Poids réel	62.921	55.278	56.041 tˣ
20 0/0 en sus	12.584	11.056	11.208
Total, ramené au brut.	75.505	66.334	67.249

Consommation intérieure, nette, ou balance entre la consommation des sucres bruts et l'exportation des raffinés ramenés au brut :

147.147	144.320	165.090 tˣ

Stocks, à la fin des trois périodes :

	31 Mars 1865	31 Mars 1866	31 Mars 1867
Sucres étrangers . . .	24.271	22.256	15.385 tˣ
» coloniaux . . .	18.308	13.090	7.937
» indigènes . . .	68.492	100.186	101.505
Total . . .	111,071	135.532	124.827

Comparaison des stocks généraux et des prix (du type n° 12 à Lille) au début et à la fin de chacune des trois périodes :

	Stocks	Prix
31 août 1864. .	90.455 tˣ	fr. 69 »
31 mars 1865. .	111.071	58 »
31 août 1865. .	82.236	56 »
31 mars 1866. .	135.532	56 »
31 août 1866. .	73.111	58 »
31 mars 1867. .	124.827	53 50

Tous les renseignements qui précèdent et ceux qui viendront plus loin résultent de calculs établis d'après le tableau que le *Moniteur* publie chaque mois sur la sucrerie indigène, et d'après un recueil mensuel de *Documents statistiques réunis par l'Administration des Douanes sur le commerce de la France.* Cette dernière publication, qui date de cinq ans, présente de plus en plus d'intérêt pour le commerce des sucres.

Il ne manque pas d'observations à faire sur ces chiffres. Ce qu'il y a de plus remarquable, c'est la consommation nette, qui est en progrès, pour sept mois, de plus de 19 millions de kilog., soit 13 0/0 sur la moyenne des deux campagnes précédentes. Comme les stocks n'ont rien que de normal, il en aurait dû résulter de la hausse et non de la baisse, si d'autres influences n'avaient prévalu.

Examinons quelles sont ces influences.

D'abord la concurrence du Zollverein et de l'Autriche s'est fait sentir, un peu sur le marché français, beaucoup sur le marché anglais où la sucrerie française a perdu une grande partie des débouchés qu'elle avait trouvés l'année dernière. La production, pour 1866-67, est estimée ainsi par F. O. Licht, de Magdebourg :

Zollverein . . .	192.500 t^x
Autriche . . .	82.500
Total. . .	275.000

Et d'après Robert Bürger, de Magdebourg, la consommation, dans l'année 1866, aurait été :

Dans le Zollverein, de	159.241 t^x
En Autriche, de . .	44.860
Total. . .	204.001

En sorte que, si la consommation reste stationnaire, ces deux pays ont à exporter un excédant de 70 millions de kilog., sans compter l'équivalent, peu considérable, il est vrai, des quantités de sucre exotique qui y entrent encore dans la consommation.

Cette situation explique pourquoi l'importation des sucres étrangers par terre s'est élevée de 5.863 tonneaux, pour les sept premiers mois de 1865-66, à 17.168 tonneaux pour les sept premiers mois de 1866-67, tandis que les exportations de sucres bruts indigènes pendant la même période et pour les trois campagnes se présentent ainsi :

	1864-65	1865-66	1866-67
Angleterre	1.368 tx	37.370 tx	10.828 tx
Belgique	208	1.076	529
Autres pays	3.560	2.008	1.996
Total des sucres bruts indigènes exportés. . .	5.136	40.454	13.353

Les documents de la Douane ne sont pas assez complets pour rendre un compte exact de tous les sucres de betteraves reçus en France des diverses origines, parce que l'importation par mer en comprend, suivant le cas, des quantités plus ou moins fortes. C'est ainsi que pour les sept premiers mois de 1865-66, l'importation par terre s'élève à 5.863 tonneaux, tandis que, pour la Belgique toute seule, cette importation atteint le chiffre de 7.939 tonneaux.

Voici d'ailleurs les quantités de sucres bruts fournies par la Belgique à la France dans les sept premiers mois des trois dernières campagnes :

1864-65	1865-66	1866-67
9.158 tx	7.939 tx	12.444 tx

Depuis 1867, la Douane renseigne les diverses provenances, ce qui nous permet de détailler ainsi l'importation des sucres de betteraves étrangers, pour les trois premiers mois de cette année :

Belgique. .	4.493 tx
Zollverein .	60
Autriche. .	2.388
Total. .	6.941, sans compter la Hollande.

Une autre influence de baisse sur notre marché des sucres, c'est la nullité presque complète de la spéculation depuis un an.

Aucun produit n'a autant besoin de la spéculation que le sucre brut indigène, qui se fabrique en trois ou quatre mois et se consomme en douze. Beaucoup de fabricants trouvent prudent de vendre à peu près au jour le jour, afin de ne pas spéculer. Et même, pour échapper autant que possible aux chances aléatoires, la plupart sont bien aises, quand ils le peuvent, d'engager, par des ventes à livrer, une partie notable de leur fabrication dès le printemps, au moment même où ils font des contrats avec les cultivateurs pour leurs betteraves. Or, les raffineurs sont loin de suffire pour se charger de toute la marchandise offerte par les fabricants dans ces diverses conditions, et ce sont les spéculateurs qui sont appelés à y pourvoir. Les capitaux appliqués à ces opérations doivent donner un bénéfice légitime, lequel augmente d'autant le prix du sucre, au moment où il va être livré à la consommation.

Mais cette théorie de la spéculation est quelquefois démentie par la pratique, et notamment dans les deux campagnes qui ont précédé celle-ci, des pertes considérables ont été supportées par les négociants, français ou étrangers, qui avaient cru pouvoir compter sur l'amélioration du prix des sucres.

Il n'est donc pas étonnant que la spéculation, rebutée par ces échecs continus, se soit abstenue à peu près complètement depuis un an, et que les raffineurs, en présence d'un stock considérable qui était presque tout en premières mains, aient renoncé à faire des achats à l'avance et en dehors de leurs besoins courants.

Si l'on ajoute à ces motifs le défaut de confiance qui domine depuis trop longtemps le monde des affaires, on ne sera pas étonné qu'au milieu du marasme général, le marché aux sucres ait été plus particulièrement affecté.

Mais il ne faut pas croire que le mal se soit borné à la France. En effet, tous les marchés sont solidaires, puisque l'Angleterre, la

Belgique et la Hollande ont des tarifs uniformes pour les sucres de toute provenance, et qu'en France, les surtaxes se réduisent à 2 fr. sur les sucres allemands et autrichiens, et à 1 fr. sur les sucres exotiques sous pavillon étranger. L'influence de ces surtaxes insignifiantes est généralement absorbée par la question des transports.

Si donc les prix étaient avilis sur le marché français, ils devaient l'être davantage encore en Belgique, et surtout en Allemagne et en Autriche, puisque ces pays ont livré à la France, du 1er septembre 1866 au 31 mars 1867, au moins 18 millions de kilog. de sucre. Nous avons montré, en effet, dans les relevés ci-dessus, que l'importation générale *par terre* s'était élevée dans ces sept mois à 17,168 tonneaux, et que l'importation de ces pays *par mer* devait être comptée pour quelque chose, bien qu'elle ne soit pas directement indiquée. Et puisque les sucres autrichiens et allemands, à raison de leur nuance élevée, et malgré la faiblesse de leur titre saccharimétrique, ont presque tous acquitté le droit maximum de 46 fr., soit $44+2$, puisqu'ils sont exclus de la faculté d'exportation après raffinage, qui pour la moitié des sucres français, belges ou hollandais, implique une certaine atténuation de l'impôt; puisqu'ils ont à supporter une surcharge de frais de transport assez considérable, on se demande à quoi se réduit le prix net qui est resté au producteur, à valeur intrinsèque égale (1).

---

(1) C'est une erreur de croire que l'exportation des sucres bruts, d'Allemagne ou d'Autriche, soit favorisée par une prime plus ou moins avouée. En effet, dans le Zollverein, l'impôt sur la betterave est 7 1/2 gros par 50 kilog., et le drawback, sur 50 kilog. de sucre brut, est de 2 thalers 26 gros, ce qui, au change de fr. 3.75 par thaler, et aux 100 kilog., donne fr. 1.87 1/2 sur la betterave et fr. 21.50 sur le sucre. Or, ces deux derniers nombres sont dans le rapport de 8.7/10 à 100. Donc, pour qu'il y eût une prime dans le drawback allemand, il faudrait admettre que le rendement moyen de la betterave excède 8.7/10 pour 100, tandis qu'on l'estime généralement à 8 pour 100, ce qui est déjà bien élevé. Dans ces termes, c'est le fabricant qui paie un léger tribut au fisc pour avoir le droit d'exporter: Il en est de même en Autriche ; mais comme l'impôt se paie en numéraire, et le drawback en monnaie de papier, dont le change est varitable, il n'est pas possible de donner des calculs aussi précis.

Avec ces importations de 18 millions de kilog. de sucres euro-
péens, la France recevait, pendant la même période de sept mois,
au moins 30 millions de kilog. de sucres exotiques, dont une partie
aurait été certainement dirigée sur d'autres marchés, si ceux-ci
leur avaient offert des prix plus avantageux.

La solidarité des marchés se montre aussi par l'exportation des
sucres raffinés, qui a donné les résultats suivants, dans les sept
mois de septembre à mars des trois dernières campagnes :

Sucres raffinés exportés de France.

DESTINATION.	1864-65	1865-66	1866-67
Angleterre . . .	4.331.t^x	8.414 t^x	8.601 t^x
Belgique	215	706	703
Autres pays . . .	58.375	46.158	46.737
Total. .	62.921 t^x	55.278 t^x	56.041 t^x

Il est remarquable que la Belgique, qui nous livre une grande
partie de ses sucres bruts de betteraves, nous emprunte néanmoins
encore une certaine quantité de sucres raffinés, si faible qu'elle
soit, et que ces emprunts n'aient pas diminué dans ces derniers
temps. Il est remarquable aussi que l'exportation des sucres raffinés, de France en Angleterre, ait continué à s'accroître cette
année, alors que l'Angleterre recevait des quantités considérables
de sucres allemands et autrichiens. En effet, ces sucres, affranchis
de toute surtaxe et grevés de frais de transport moins onéreux,
revenaient aux raffineurs anglais ou écossais moins cher qu'à leurs
concurrents de France. Ceux-ci néanmoins n'ayant rien perdu de
leurs débouchés, il faut en conclure que leurs prix de vente n'y ont
pas mis obstacle.

Si donc la sucrerie française se plaint, et avec raison, de l'avi-
lissement des prix et de la mévente, qui ont pesé sur ses produits
durant une partie de la campagne 1866-67, il faut reconnaître que
les raffineurs français n'ont pas pour cela payé les sucres bruts

moins cher que leurs concurrents des autres pays, ni vendu leurs produits à des prix plus élevés. Tout indiquerait plutôt qu'ils ont acheté plus cher et vendu meilleur marché.

II.

Cependant, il y a une opinion très accréditée que la *marge du raffinage* est, depuis quelque temps, fort supérieure en France à la moyenne normale. C'est ce qu'expose ainsi un *fabricant de sucre blanc*, dans une lettre adressée, le 28 avril, à la revue de Valenciennes « *la Sucrerie indigène* : »

« J'étais frappé de cette anomalie d'un sucre raffiné valant
» aujourd'hui 125 à 127 contre 52.50 pour le brut, alors qu'en
» 1861 le raffiné ne valait que 122 à 125 contre 65 pour le brut,
» et qu'en 1862 ce même raffiné ne valait que 118 à 123, contre
» 60 à 61 pour le brut. »

Si cet honorable industriel avait voulu comparer le prix du brut à *l'acquitté*, contre le prix du raffiné, il aurait retrouvé, ce qu'il a perdu de vue : le dégrèvement momentané dont jouirent les sucres bruts, du 1er juin 1860 au 30 juin 1862, alors que l'impôt fut réduit à 30 fr. Il aurait ainsi évité de citer ces époques, dont l'exemple n'est guère concluant.

La marge du raffinage, dont se préoccupent si vivement aujourd'hui les fabricants de sucre, ne doit pas être envisagée dans une période restreinte, mais en moyenne, sur un certain nombre d'années. Si l'on passe en revue les dix dernières années, on trouve que l'industrie du raffineur a donné, dans bien des cas, des résultats insuffisants ou négatifs. Et c'est ainsi qu'on s'explique comment, tandis que la consommation et l'exportation des raffinés faisaient des progrès rapides, tant de raffineries ont changé de mains ou ont disparu complètement à cause de la ruine ou du découragement de ceux qui les exploitaient. On en pourrait citer de nombreux exemples : à Marseille, à Bordeaux, à Nantes, à Honfleur, au Hâvre, à Rouen , à Paris, puis dans les départements du Nord, qui semblaient cependant avoir tous les éléments de succès : matière première et combustible à pied d'œuvre , salaires peu élevés , consommation locale importante , débouchés étrangers à leur porte.

Les expéditions de sucre raffiné , de la gare de Lille , ont baissé en 1866, comparativement à 1865, de 2.150.000 kilog. Et quant à l'industrie des fabricants-raffineurs, elle est encore plus en décroissance , malgré les avantages suivants que lui fait la loi : impôt relativement modéré ; acquittement du droit différé jusqu'à la mise en consommation ; facilités pour dégrever les excédants de fabrication, au moyen de compensations avec le travail ultérieur.

Il y a tout au moins, dans ces faits , un motif d'hésiter avant de déclarer hautement que le régime fiscal est vicieux , sous prétexte qu'il met le producteur de sucre brut à la merci du raffineur , qui se réserve ainsi une marge excessive.

En réalité, l'industrie du raffinage est soumise, comme toutes les autres industries , aux conditions de la concurrence , aux crises et aux réactions. Et cette concurrence se fait sentir , non seulement sur le marché national, mais dans l'univers entier , soit pour l'achat des matières premières , soit pour la vente des produits. La solidarité des marchés doit nécessairement produire ce résultat, que la marge au raffinage subit à peu près les mêmes oscillations dans toute l'Europe. Il faut remarquer d'ailleurs que partout où l'industrie du raffinage existe , elle est constituée , comme en France, sur une grande échelle, et exploitée généralement à l'aide de grands capitaux.

Jusqu'à la signature de la convention internationale de 1864 , rien n'était plus varié que le régime fiscal des sucres dans les divers Etats.

En Angleterre , il y avait , et il y a encore, *quatre droits* sur les sucres bruts, réglés *d'après des types*. A peine un cinquième du sucre se consomme à l'état concret et parfaitement raffiné. Le surplus se consomme en poudre, plus ou moins humide ou colorée, depuis le brun jusqu'au blond clair, et même au blanc. Et parmi ces sucres en poudre, il y en a environ la moitié qui passe directement à la consommation, sans aucun raffinage : le reste subit une épuration plus ou moins complète dans le pays, où il existe beaucoup de raffineries qui ne produisent pas un seul pain de sucre. L'exportation des raffinés, en Angleterre, ne compte que pour mémoire.

En Hollande, c'est pour ainsi dire la consommation locale qui compte pour mémoire, car l'exportation entraîne les trois quarts des produits de la raffinerie. Là, il ne s'agit guère de sucres bruts consommés directement ; tout se rapporte aux sucres de Java, pour la vente desquels a été établie la remarquable série des types hollandais. Mais ces sucres si divers, jusqu'en 1864, étaient *soumis au droit unique.*

En Belgique, sauf pour la fabrication des candis, on ne raffine que les sucres indigènes. Ceux-ci sont livrés au raffineur, libérés d'impôt. Le droit est payé par les fabricants *d'après le volume et la densité du jus de leurs betteraves ;* en sorte que, pour les opérations qui suivent la défécation, ils sont affranchis de tout contrôle et aussi libres dans leur travail que s'il n'y avait pas du tout d'impôt.

Les fabricants de sucre du Zollverein et de l'Autriche arrivent au même résultat par une autre voie, *puisqu'ils paient l'impôt sur la betterave,* pesée au moment où elle va passer à la râpe.

Certes, voilà quatre modes de perception d'impôt bien divers, et cependant partout les relations sont les mêmes qu'en France entre les raffineurs et ceux qui leur fournissent le sucre brut. Comment donc supposer que, par un changement quelconque du régime fiscal, ces relations s'amélioreraient chez nous au profit de la sucrerie indigène ?

Cependant, comme beaucoup de fabricants sont mécontents (sauf ceux qui montent de nouvelles fabriques), les griefs abondent contre le régime en vigueur, et on semble croire que par un nouveau mode de perception, qu'on nomme *l'impôt à la consom-*

mation, on intervertirait les rôles, on mettrait l'acheteur de sucre brut à la merci du vendeur, de manière à procurer à celui ci une rémunération plus satisfaisante qu'il ne l'a jamais eue en France ni dans aucun pays.

Examinons d'abord ces griefs, qui sont nombreux et souvent contradictoires, et voyons si l'impôt à la consommation aura la vertu magique de leur donner satisfaction, à tous également.

L'un des adversaires du régime actuel a cité l'exemple suivant :

« Un lot de sucre est à vendre; il est classé au type commer-
» cial numéro 14 et se rapproche beaucoup du type administratif
» numéro 13, qui marque la limite entre le petit droit, fr. 42,
» et le gros droit, fr. 44. Le fabricant l'a laissé classer au gros
» droit par les employés. Un raffineur de Paris, qui l'achète, le
» déprécie de 1 fr. pour ce motif, puis il parvient à le faire dé-
» classer et ranger dans la catégorie du petit droit. Il obtient ainsi
» un bénéfice net de 3 fr., savoir : 1 fr. du vendeur et 2 fr. du fisc.
» N'est-ce pas un abus criant ? »

Non, ce n'est qu'un accident, une exception, une leçon un peu chère pour le fabricant, qui ne l'oubliera pas, mais cette leçon ne lui coûte qu'un franc par sac, et c'est par un argument spécieux, par une illusion d'optique, que l'adversaire du régime met un bénéfice de 3 fr. au compte de l'acheteur.

En effet, posons des chiffres. Le raffineur estime que le sucre vaut pour lui fr. 100 à l'acquitté, par exemple, en sorte que, s'il était sûr de le faire passer au petit droit, fr. 42, il le paierait 58. Mais le sucre est classé au gros droit, fr. 44, et le raffineur le déprécie pour cela *d'un franc*. Pourquoi pas de deux francs ? Parce qu'il sait fort bien que sur du sucre classé administrative-ment de 10 à 13, il paiera le droit en numéraire, fr. 42, tandis que sur le sucre classé 14 et 15, qui devrait en numéraire le droit de 44 fr., il paiera ce droit au moyen d'un certificat d'expor-tation de raffinés, lequel certificat lui coûtera environ fr. 43, compensation faite du sacrifice qu'il fait de deux mois de terme.

Soit dit en passant, cela prouve un fait méconnu par la plupart des fabricants de sucre, que l'exportation des raffinés leur profite sur certaines sortes, en atténuant le droit nominal et relevant le prix de vente (1).

Revenons au raffineur, qui obtient le déclassement de son sucre, et qui, en conséquence, paie fr. 42 en numéraire. Le prix, à l'acquitté, lui revient ainsi à 57 + 42, soit 99, au lieu de 100 qu'il consentait à payer. Bénéfice, un franc et non pas trois.

Une autre fois quand ce même fabricant aura du sucre à vendre, de nuance équivoque quant au type administratif, il défendra mieux ses intérêts devant les employés qui l'exercent, et il empêchera, s'il y a lieu, qu'on ne le classe trop haut. Ou bien, il stipulera avec son acheteur, qu'en cas de déclassement au lieu de destination, le prix de vente sera relevé. Ou bien enfin, au moyen du mélange dans le tas d'une faible proportion de sucre plus coloré, il abaissera la nuance de manière à descendre à l'échelon supérieur de la classe inférieure au lieu de rester à l'échelon inférieur de la classe supérieure, ce que tout fabricant habile évite avec soin.

Enfin, s'il n'a pas chez lui ce sucre plus coloré, nécessaire au mélange, il en achètera quelques sacs chez un confrère ou au marché voisin : le nouveau réglement lui permet de les introduire dans sa fabrique.

Quoi qu'il en soit, le fabricant en question a une sorte de conviction qu'il a été lésé de trois francs par la faute du régime fiscal, et il crie haro sur ce régime, qui est plein d'abus et d'injustices. Cette impression est partagée par un assez grand nombre de fabricants, et, chose remarquable, il y en a parmi eux dont les situations sont très diverses, eu égard à la spécialité de leurs produits. Or, en admettant que l'assiette de l'impôt soit mal établie, à cause de l'imperfection du système des types, une répartition inégale ne peut

(1) Voir la note sur l'Exportation, p. 44.

nuire à l'un, sans profiter à l'autre. Comment donc se fait-il que tous se plaignent, si le régime fiscal n'est pas étranger à leurs maux ?

Parmi les promoteurs de la réforme, on trouve certains fabricants dont les produits atteignent ou dépassent généralement le type n° 13, d'autres qui restent toujours au-dessous. On y trouve des fabricants de ces sucres blancs, qui titrent de 98 à 99 pour 100 et supportent l'impôt de 45 francs. On y trouve aussi des fabricants-raffineurs, dont les produits sont taxés à 47 francs. Enfin l'impôt à la consommation était, et est peut-être encore, très vivement désiré par un raffineur libre du Nord, qui y voyait l'abolition des priviléges dont jouissent les fabricants-raffineurs. Comment concilier toutes ces prétentions ?

Ce qui domine parmi les fabricants de sucre, c'est la méconnaissance des avantages que leur industrie retire de l'exportation après raffinage, et qui sont attachés tout à la fois au régime en vigueur et à la convention internationale. Ces avantages résultent d'opérations auxquelles ils ne participent pas directement, puisqu'elles sont exécutées par le raffineur : or, le raffineur est la bête noire du fabricant.

Cela suffit pour que celui-ci voie d'un œil jaloux tout ce qui favorise l'exportation, trouve les rendements trop faibles, et prétende, avec un certain dépit, que le raffineur, malgré la dernière élévation qu'ont subie ces rendements, sera encore assez habile pour y trouver des bénéfices illicites.

Quand on considère que la production indigène, jointe à la production coloniale, excède déjà de près d'un quart les besoins du marché intérieur ; — que l'importation des colonies étrangères, quoi qu'il arrive, ne sera jamais réduite à néant, à cause des relations d'échange de la France avec ces pays ; — que l'excédant de la production belge nous est presque exclusivement dévolu ; — que les excédants du Zollverein et de l'Autriche menacent toujours de nous envahir et pénètrent même dans une certaine mesure ; — enfin que l'on ne cesse pas de monter de nouvelles sucreries, tant en France qu'à l'étranger, on reste convaincu que l'industrie su-

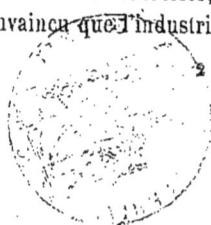

2

crière a essentiellement besoin de l'exportation de ses produits, tant à l'état brut, qu'à l'état raffiné. Et en voyant avec quelle ardeur certains fabricants cherchent à détruire le régime actuel, si favorable à l'exportation, on pense involontairement au cerf de la fable, broutant le feuillage de la vigne qui le dérobait aux yeux du chasseur (1).

Les renseignements statistiques suivants mettront bien en lumière les rapports de la sucrerie indigène avec l'exportation des raffinés. Ils sont extraits de tableaux détaillés que la Douane a ajoutés, depuis le commencement de 1867, à ses publications officielles, dans l'intention, à ce qu'il semble, d'éclairer les fabricants de sucre.

Sucres soumissionnés pour l'admission temporaire.

	1er trimestre 1866.	1er trimestre 1867.
Indigènes . . .	24,759,584 kilog.	23,395,007 kilog.
Étrangers . . .	7,026,945 »	10,087,717 »
Total. . .	31,786,529 »	33,482,724 »

Sucres raffinés exportés.

DESTINATIONS.	1er trimestre 1866.	1er trimestre 1867.
Angleterre. . .	2,001,208 kilog.	5,002,809 kilog.
Belgique . . .	49,847 »	458,999 »
Autres pays . .	18,303,849 »	20,019,768 »
Total. . .	20,354,904 »	25,481,576 »
20 0/0 en sus .	4,070,980 »	5,096,315 »
Ramené au brut .	24,425,884 »	30,577,891 »

(1) Le même reproche s'adresse à ceux qui s'efforcent de discréditer le système des types. Leurs paroles sont avidement recueillies en Angleterre par certains intérêts partisans du *droit unique*. Il est clair cependant que les sucres allemands et autrichiens, dont la richesse ne répond pas à la nuance, sont particulièrement maltraités par le système des types. Or, ces sucres sont les concurrents les plus redoutables des sucres indigènes, aussi bien sur le marché anglais que sur le marché français.

Exportations opérées après raffinage

à la décharge d'obligations d'admission temporaire souscrites pendant le trimestre (le surplus applicable à des obligations de l'exercice précédent) :

	1er *trimestre* 1866.	1er *trimestre* 1867.
Sucres indigènes .	7,717,239 kilog.	9,709,145 kilog.
Sucres étrangers .	1,540,077 »	4,919,298 »
Total. . .	9,257,316 »	14,628,443 »

Ces chiffres parlent d'eux-mêmes. Si l'on écarte les produits fournis par les fabricants de poudres blanches et par les fabricants-raffineurs, il reste les sucres bruts proprement dits, dont plus de la moitié est déclarée sous le régime de l'admission temporaire, c'est-à-dire, pour servir, directement ou indirectement, à l'exportation après raffinage. Cet emploi a toujours pour conséquence une atténuation de l'impôt nominal, et il est impossible, quoi qu'on en dise, que la valeur du sucre en fabrique ne s'en ressente pas. D'un autre côté, si le sucre indigène était encore, comme avant 1864, en dehors du droit commun et privé du drawback, ou bien l'exportation des raffinés se serait faite, telle que nous la voyons, au profit exclusif du sucre étranger, ou bien elle se serait restreinte ; mais dans tous les cas le sucre indigène y aurait perdu un débouché de sept à huit millions de kilog. par mois.

N'a-t-on pas raison de dire aux fabricants de sucre qu'ils sont bien imprudents de battre en brèche un régime, qui produit de tels résultats, et que si leurs intérêts sont en souffrance, la loi de 1864 les a néanmoins préservés de résultats bien plus désastreux !

Ajoutons encore, pour compléter le tableau des 'contradictions, que nous avons entendu un fabricant-raffineur, grand partisan de l'impôt à la consommation, se plaindre vivement, nous ne savons à quel point de vue, de l'élévation des rendements qui sont appliqués depuis le 1er mai.

Les contradictions n'existent pas seulement dans les motifs qui font désirer un changement de régime par les uns ou par les autres. Elles ne sont pas moins choquantes en ce qui concerne l'interprétation à donner à ces mots : « impôt à la consommation ! » Ecartons d'abord ceux qui applaudissent à cette formule malgré la diversité des taxes qu'elle implique, et pour qui néanmoins le beau idéal serait le droit unique sur toutes les espèces de sucre, depuis la cassonnade la plus brune, jusqu'au candi blanc. Parmi les autres champions de l'impôt à la consommation, la plupart seraient fort embarrassés pour expliquer comment ils en conçoivent l'application pratique. Quant au petit nombre de ceux qui peuvent avoir un programme dans la tête pour cette innovation si hasardeuse, ils n'en parlent que bien vaguement, ce qui est un moyen d'éluder la difficulté.

Cherchons cependant, d'après ces révélations ou d'après le simple raisonnement, quels pourraient être les rouages de ce système.

D'abord le contrôle resterait le même dans les fabriques de sucre, d'où les produits sortiraient moyennant l'acquittement d'un certain impôt, pour aller à la consommation directe, ou accompagnés d'un acquit-à-caution pour aller, soit à l'entrepôt, soit à la raffinerie. Chaque raffinerie deviendrait un véritable entrepôt, et si le nouveau mode de perception doit, comme on le prétend, assurer au Trésor un recouvrement plus efficace de l'impôt que le mode actuel, la première conséquence serait de suspendre toute perception pendant la durée du travail du raffinage. En outre, le commerce d'épicerie s'arrangerait de manière à diminuer ses approvisionnements ou à les laisser séjourner le plus longtemps possible en raffinerie. Pour ces deux motifs, on peut compter que, la première année d'application du système serait marquée par un retard de 20 millions au moins dans le recouvrement de l'impôt du sucre, et que cette somme serait à jamais perdue. (1)

---

(1) La suppression du terme de quatre mois, accordé aujourd'hui pour l'acquittement de l'impôt, ne compenserait aucunement cette perte.

En effet, une bonne partie des redevables ne profitent pas du terme et préfèrent

Maintenant comme les raffineries sont situées pour la plupart dans les grandes villes, qu'elles sont mal isolées, et que leurs produits s'adressent à la consommation la plus courante ; comme d'ailleurs l'exemple de l'Angleterre rendrait l'administration fort défiante, il n'est pas douteux qu'elle ne voulût, le cas échéant, se munir de procédés de contrôle plus rigoureux encore que ceux qu'elle applique aux sucreries, dont la situation rend la fraude d'autant plus difficile, que leurs produits sont généralement impropres à la consommation directe. Il y aurait donc un exercice basé sur *la prise en charge*, et soumettant le raffineur à payer, dans certains cas, l'impôt *sur les manquants*.

Ici se pose une question fort grave. Comment s'établirait la prise en charge à l'entrée ? Comment se réglerait, à la sortie, l'impôt sur les diverses qualités de produits consommables ? Comment se feraient les inventaires de toutes les matières en cours de travail, seul moyen de tirer une conclusion sérieuse de toutes les opérations de contrôle ?

On dira qu'il y a déjà quelques raffineries soumises à l'exercice, dans lesquelles la Régie se rend compte de tout ce qui s'y passe. Mais cet exercice a pour objet, non la perception d'un impôt, mais une surveillance presque surabondante, destinée à empêcher que les établissements en question ne servent de réceptacle aux sucres qui sortiraient clandestinement des fabriques du voisinage : c'est un contrôle dénué de sanction. D'ailleurs les estimations, à l'entrée et à la sortie, se font d'après les types, si décriés par les apôtres du nouveau système.

Il faudrait donc recourir à d'autres procédés d'estimation. Serait-ce la saccharimétrie optique ? Y joindrait-on le procédé du dosage des sels, appelée *mélassimétrie* ? Enfin les mêmes règles

---

jouir de l'escompte. Les autres paient l'impôt en billets cautionnés, à ordre, négociables, que le Trésor négocie quelquefois et qui, en tous cas, figurent dans les comptes comme valeurs disponibles dès le jour de leur création.

seraient-elles appliquées au raffinage du sucre de betteraves, au raffinage du sucre exotique et au raffinage mixte ?

Toutes ces questions sont fort complexes, et l'énoncé de la formule, *impôt à la consommation*, est loin d'en donner une solution précise et satisfaisante à tous les points de vue. Pour la plupart des fabricants qui se montrent favorables à l'impôt à la consommation, cela signifie tout simplement : Notre situation est mauvaise, donc le régime fiscal est vicieux, donc nous devons en demander un autre. Mais si chacun d'eux pouvait reconnaître que le régime est étranger au mal dont il se plaint, ou si seulement il pouvait avoir l'occasion d'étudier à fond le nouveau système qu'on lui recommande et les conséquences qu'aurait ce système par rapport à son intérêt particulier, nul doute que le plus grand nombre ne renonçât à demander un changement, en supposant qu'il suffise de le demander pour l'obtenir.

Voici, par exemple, quelques-unes des conséquences qu'entraînerait, sur les produits consommables, l'application du droit d'après la richesse saccharine. En supposant que la taxe normale du sucre pur soit l'impôt de fr. 47, appliqué aujourd'hui aux produits des fabricants-raffineurs, les poudres blanches, titrant 98 à 99 0/0, paieraient fr. 46.06 à 46.53, au lieu de fr. 45, droit actuel; les vergeoises brunes, titrant 80 à 85 0/0 (soit en moyenne, 82 1/2 0/0), paieraient fr. 39.77; les mélasses de cannes, comestibles, titrant 50 0/0, paieraient fr. 23.50. Si l'on prend quatre produits spéciaux, le candi de qualité supérieure, valant fr. 160, les poudres au type n° 3 de la série des sucres blancs, valant fr. 115, la vergeoise brune, valant fr. 82.50, et la mélasse comestible, valant fr. 35, et si l'on rapproche ces prix, à l'acquitté, de l'impôt à percevoir d'après la richesse saccharine, on a les résultats suivants :

	Prix brut.	Impôt.	Prix net.	Rapport de l'impôt au prix net.
Candi	160 »	47 »	113 »	41 1/2 0/0
Poudres blanches.	115 »	46.53	68.47	68 0/0
Vergeoise brune .	82.50	39.77	42.73	93 0/0
Mélasse	35 »	23.50	11.50	204 0/0

En examinant ces chiffres, on ne peut douter que l'application d'un tel tarif aurait pour effet d'enchérir les produits les plus défavorablement taxés, et d'en restreindre même autant que possible, soit l'importation, soit la fabrication, le tout au grand préjudice de la consommation populaire. Cela n'est pas fait pour recommander e système.

On a cherché une autre raison pour condamner le mode de perception basé sur les types, en alléguant que les types commerciaux eux-mêmes tombaient en désuétude. Voici l'explication des faits sur lesquels s'appuie ce raisonnement.

Ainsi que nous l'avons exposé plus haut, la spéculation s'est abstenue, d'une manière presque complète, d'opérer sur les sucres bruts pendant cette campagne, et son abstention s'est fait sentir dès le printemps de 1866. Les années précédentes au contraire, des transactions importantes s'engageaient dès l'époque des semailles de betteraves, sur les sucres bruts indigènes à fabriquer à l'automne. Ces marchés à terme, auxquels la raffinerie prenait part comme la spéculation, étaient traités sur la base des types de Paris, et avec cette condition qu'on n'admettrait que des sucres cuits à air libre, et qu'au moment de la livraison, ils seraient arbitrés en nuance, sécheresse et qualité. Cela veut dire que tel sucre, égal en nuance au type n° 12, peut être classé au n° 11, par exemple, parce qu'il pèche sous le rapport de la sécheresse, du grain, de la consistance plus ou moins gommeuse, d'une saveur trop salée, ou d'une odeur de fermentation. Et lorsque ces défauts sont trop marqués, la livraison peut être refusée parce que le sucre n'est pas de qualité loyale et marchande. Tous ces sucres refusés, comme ceux qui ne sont pas cuits à air libre, font l'objet de marchés en disponible, qui se traitent à prix débattu. Il en est de même des sucres de qualité irréprochable, que leurs détenteurs n'ont pas voulu, ou n'ont pas pu vendre à l'avance. Pour tous ces sucres, on vend la marchandise telle quelle, et si on la compare aux types, ce n'est qu'à titre de renseignement, ou pour fixer au besoin la cote officielle. Telle a toujours été la marche suivie, et telle elle paraît devoir être encore à l'avenir. Seulement, cette année, la proportion des sucres vendus à prix débattu a été beaucoup plus forte que d'ordinaire, et cela pour deux raisons : à cause du peu d'importance des marchés à terme, et à cause de l'abondance relative des sucres défectueux.

Que les raffineurs aient profité à certains moments de l'abondance de l'offre pour acheter moins précipitamment, pour prendre le temps de soumettre les échantillons à des essais de laboratoire, cela n'a rien de surprenant. Ils n'ont fait ni plus ni moins que n'auraient fait, à leur place, les acheteurs de toute autre denrée. Du reste, ces essais de laboratoire ne font que confirmer, dans la plupart des cas, l'estimation que donnerait un acheteur expérimenté, en jugeant le sucre d'après la vue, le toucher, l'odorat et le goût. Et c'est encore d'après ces caractères que les raffineurs auront à faire leurs achats à prix débattu, toutes les fois que le marché aura un peu de ressort, parce qu'alors la marchandise sera offerte avec une très courte option, et qu'ils ne voudront pas s'exposer à laisser échapper une affaire qui leur conviendrait.

Il n'y a donc pas de raison pour considérer les types commerciaux comme tombés en désuétude, et l'on ne voit aucun autre moyen pratique de régler les stipulations des marchés à terme. Les bureaux publics d'essai, que l'on propose d'établir, ne répondraient pas aux besoins du commerce. Enfin, la loi des usages commerciaux n'a pas pour objet d'introduire de nouvelles pratiques, mais de sanctionner celles qui sont consacrées par l'usage, et il ne semble pas qu'elle puisse trouver aucune application dans cette matière. Et par conséquent il n'y a pas de raison pour englober dans une même proscription les types du commerce et ceux de la Régie.

Au nombre des griefs que ferait disparaître l'impôt à la consommation, se trouve le crédit de quatre mois, que le Trésor accorde aux raffineurs, crédit qui leur donne, dit-on, la puissance financière dont ils abusent pour écraser les fabricants.

On s'est livré à ce sujet, dans l'assemblée de Douai, à des calculs fantastiques, qui méritent quelques éclaircissements.

D'abord le crédit de quatre mois est accordé par la Douane, depuis un temps immémorial, à tout redevable de droits d'entrée dont le montant dépasse 600 fr. : ce n'est donc point un privilége des raffineurs. Ensuite, en admettant que la raffinerie parisienne fonde chaque jour 4,700 sacs de sucre, il s'en faut que le crédit sur les droits lui procure un capital de 455,900 fr. par jour, ou un nombre indéfini de millions par an, moyennant le faible intérêt de 3 0/0.

En effet, les 4,700 sacs par jour, à raison de 300 jours de travail, font un total de 141 millions de kilog. par an, lesquels au taux moyen de 43 fr. représentent une somme de droits de fr. 60,630,000, soit en nombres ronds 60 millions de francs, ou 5 millions par mois. La moitié de ces sucres est déclarée à l'admission temporaire, et les droits se règlent en obligations provisoires à deux mois au plus, qui sont apurées par des certificats d'exportation dans un délai moyen de 40 jours. Sur cette moitié donc, en supposant qu'il faille 30 jours pour le travail, la raffinerie ne profiterait que de 10 jours, délai insignifiant.

Sur l'autre moitié, représentant 2.500,000 fr. par mois, la raffinerie peut jouir de quatre mois de crédit, dont un mois considéré comme équitablement nécessaire, et trois mois comme superflus ou abusifs. L'abus à réformer, s'il y a abus, consisterait donc à retirer aux sept capitalistes qui représentent la raffinerie parisienne, un capital ou plutôt un crédit ouvert de 7,500,000 fr.

Mais ce crédit n'est pas utilisé en entier, tant s'en faut. En effet, il ne s'agit pas d'argent à emprunter au Trésor, mais d'une option entre quatre mois de terme et un pour cent d'escompte. Un pour cent pour quatre mois, cela fait bien 3 0/0 pour un an. Mais le redevable qui veut jouir du terme est obligé de faire une remise de 1/3 0/0 au receveur et de lui fournir une obligation cautionnée.

Or, la caution ne s'obtient que moyennant une commission de banque, qu'on peut estimer à 1/6 0/0. Avec ces deux conditions onéreuses, le terme de quatre mois coûte au raffineur des intérêts au taux de 4 1/2 0/0 l'an, et il est facile de comprendre que, pour plus de moitié, les acquittements de droits se fassent sous escompte puisque les raffineurs passent pour riches, et que le taux d'escompte de la Banque est à 3 0/0.

D'ailleurs, si le crédit profite à quelques-uns, ce sont sans doute ceux qui disposent de capitaux moins larges. Quel avantage y aurait-il pour les fabricants de sucre, si ces raffineurs voyaient diminuer leur fonds de roulement par la suppression du crédit sur les droits? Est-ce en restreignant les ressources de leurs acheteurs qu'ils augmenteront leurs facilités de vente ?

C'est un rôle ingrat, quand on est en présence d'une industrie qui souffre, de chercher à lui démontrer que les remèdes dans lesquels elle mettait son espoir sont des illusions; qu'il est impossible de les conquérir, ou que leur action serait inefficace, ou tous les deux à la fois. On est plus sûr de s'attirer des applaudissements en lui présentant des chimères, en flattant son imagination, en la conviant à une agitation stérile, qui ne peut qu'affaiblir l'intérêt qu'on lui porte. Cependant, nous n'avons pas reculé devant ce rôle ingrat, et nous le remplirons jusqu'au bout.

Parlons donc du dégrèvement.

Voici le résumé des paroles qu'a prononcées le Secrétaire de l'assemblée de Douai, en proposant cette mesure :

.... « Il expose l'intérêt qu'il y a pour la sucrerie indigène,
» qui chaque jour élève de nouvelles usines, d'obtenir un dégrève-
» ment qui aurait pour effet d'accroître la consommation et de faire
» hausser le prix du sucre. Le sacrifice momentané du Trésor
» serait bientôt couvert par l'augmentation de la quantité à
» imposer. »

Malheureusement, les intérêts du Trésor sont en jeu dans cette question, plus encore que ceux de la sucrerie. C'est donc au point de vue fiscal que nous nous placerons d'abord.

La consommation réunie des trois années 1864 à 1866 s'est élevée à 762 millions de kilog.; celle des trois années 1855 à 1857 avait été de 508 millions. Ces deux nombres sont dans le rapport de 3 à 2, c'est-à-dire qu'en neuf ans le progrès a été de 50 0/0. En remontant neuf ans plus haut, et en comparant deux périodes triennales, on trouve la même proportion.

Et le dégrèvement momentané, de 54 à 30 francs, dont jouirent les sucres pendant vingt-cinq mois, de 1860 à 1862, ne paraît pas avoir accéléré d'une manière sensible le mouvement progressif de ces années.

Les droits perçus sur les sucres de toute sorte se sont élevés, en 1866, à . . . . . fr. 111,328,058
Il convient d'y ajouter le subside aux colonies, déguisé sous forme de détaxe, sur 100,314,822 kilog. à fr. 5 les 100 kilog. . 5,015,741

Total. . . . . fr. 116,343,799

En suivant la même loi de progression, et le taux du droit ne variant pas, le revenu fourni par le sucre, pour 1875, devrait être augmenté de 50 0/0, et s'élever à fr. 174,515,698.

Le droit moyen est de 43. En le réduisant de moitié, et en supposant que le producteur garde pour lui, comme on le désire, une petite part de cette réduction, on verra les prix de vente à la consommation baisser de fr. 20 aux 100 kilog., ou de deux sous à la livre, ce qui les laisserait encore un peu au-dessus des cours actuels de Vienne et de Berlin.

Si l'on admet qu'à la faveur de cette baisse, la consommation soit doublée en neuf ans, (au lieu de s'accroître dans le rapport de 2 à 3), le Trésor aurait à passer par une transition de neuf ans avant de retrouver le niveau du revenu actuel; tandis que, sans le dégrèvement, ce revenu devrait s'accroître de 50 pour 100, soit 58 millions. Ce serait donc pour le budget un sacrifice annuel de 58 millions, en tenant compte du progrès normal sur lequel on a droit de compter. Quelles en seraient les compensations?

La consommation de 1866, exportations déduites, a été de 280 millions de kilog. Si elle double en neuf ans, grâce au dégrèvement, elle s'élèvera à 560 millions de kilog. au lieu de 420 millions, chiffre qui aurait dû être atteint par le progrès normal. La différence est de 140 millions de kilog., représentant une valeur de 80 millions de francs environ. C'est bien peu de chose, pour le producteur, qu'un tel progrès obtenu en neuf ans, si on le compare avec le sacrifice annuel de 58 millions imposé au Trésor.

Mais quel est le producteur qui serait appelé à répondre à cet excédant de consommation?

Nous avons vu que tous les marchés du monde sont solidaires et que le marché français ne fait pas exception.

Voici deux tableaux qui donneront quelque idée de ce que sont aujourd'hui les ressources du commerce des sucres dans tout l'univers:

1° Exportations de sucre de cannes

Pour l'Europe et les Etats-Unis d'Amérique, pendant l'année 1866, d'après MM. James Cook et Cie, de Londres.

LIEUX DE PRODUCTION :

Indes occidentales anglaises	223.071 tonneaux.
Maurice	125.089
Indes orientales anglaises	18.024
Java.	130.837
Colonies françaises.	109.771
Cuba, Porto-Ricco, colonies hollandaises, danoises et autres.	626.295
Manille (52,632 tonneaux), Siam, etc. .	60.000
Brésil . . . . , ...	119.561
Exportations totales. . .	1.412.648

Sans compter la consommation locale de ces différents pays, ni les exportations destinées à l'Australie, à Bombay et au golfe Persique, lesquelles sont estimées à 93,000 tonneaux.

2° Production du sucre de betteraves en Europe

en 1865-66, d'après F.-O. Licht, de Magdebourg :

Zollverein	185.696 tonneaux.
France.	274.014
Autriche	71.033
Russie.	55.000
Belgique.	41.552
Pologne et Suède . .	17.500
Hollande.	3.500
Total. . . .	648.295

En voyant ces chiffres énormes, qui dépassent deux millions de tonneaux, on se demande quel effet produirait, au profit de la sucrerie française, un excédant de 140,000 tonneaux dans la consommation locale, obtenu en neuf ans par un encouragement extraordinaire. L'augmentation de prix qu'on espère serait sans doute aussi peu sensible que celle qui est résultée des progrès bien autrement rapides de la consommation en Angleterre.

Mais les progrès de la consommation même, sur lesquels nous avons raisonné, ne sont encore qu'hypothétiques. Les hommes d'État, responsables de l'équilibre du budget, ne les admettraient donc qu'avec une grande réserve. Et leur circonspection s'augmenterait encore, en étudiant la statistique ci-après de la consommation des sucres en Europe, que nous empruntons à une circulaire récente de Robert Bürger, de Magdebourg.

Consommation du sucre brut en Europe

année 1866.

	POPULATION	CONSOMMATION	
		générale, en T⁙ de 1,015 kil.	par tête en livres de 454 gr.
Angleterre	30.150.000	536.508	39.86
Villes anséatiques . .	2.050.000	16.747	18.30
France	37.500.000	252.455	15.08
Hollande	3.500.000	23.272	14.86
Danemarck	1.600.000	8.928	12.50
Belgique	5.000.000	22,321	10.»»
Zollverein.	35.670.000	159.241	10.»»
Suisse	2.520.000	10.524	9.32
Portugal	3.800.000	15.607	9.20
Italie	25.500.000	99.303	8.90
Espagne	16.500.000	63.111	8.58
Suède et Norwège. .	5.800.000	18.954	7.32
Grèce.	1.350.000	3.254	5.40
Pologne.	5.350.000	10.747	4.50
Russie	62.000.000	89.124	3.22
Autriche	33.500.000	44.860	3.»»
Turquie.	16.000.000	21.428	3.»»
Total. . .	287.790.000	1.396.384	10.80

Si l'on considère qu'en prenant la consommation de la France pour 100, celle du Zollverein est 66, celle de la Suisse 62, celle de l'Autriche 20, tandis que le sucre ne paie en Suisse qu'un droit de 7 francs aux 100 kilog. et que l'impôt, en Allemagne comme en Autriche, est à 50 pour 100 au-dessous du tarif français, on est obligé de reconnaître que ce n'est pas dans ces pays qu'il faut aller chercher des arguments quant à l'influence de l'impôt sur la consommation. Ce n'est même pas dans les villes anséatiques, dont la consommation, par tête, excède la nôtre de 1/5 : ces Etats n'ont qu'une population exceptionnelle et leur statistique ne prouve rien. Le reste de l'Europe fournit également des arguments contraires, sauf l'Angleterre, sur laquelle nous allons nous arrêter.

En Angleterre, les droits actuels sur les sucres sont de fr. 15 à 16 par 100 kilog. au-dessous du tarif français (1). Il y a quelques années, le chancelier de l'Echiquier, ayant des excédants de revenus, fit adopter un dégrèvement de 25 pour 100 environ sur le droit des sucres. Mais cette mesure n'était pas prise dans l'intérêt des producteurs, ni des importateurs, ni même de la raffinerie. C'était simplement une remise d'impôts qu'on faisait aux contribuables, parce qu'on n'avait plus besoin de leur argent. Le revenu du sucre a-t-il regagné depuis lors son ancien niveau ? C'est possible : il suffisait pour cela que la consommation s'accrût dans la proportion de 3 à 4. Mais en attendant, le Trésor pouvait se passer de ces nouvelles ressources sans compromettre l'équilibre du budget.

D'ailleurs ce qui explique l'importance actuelle et l'accroissement facile de la consommation en Angleterre, c'est que cette consommation est essentiellement populaire, comme le prouve l'usage

---

(1) Jusqu'au 30 avril 1867, les droits en Angleterre ont été échelonnés ainsi :

			en francs, et aux 100 k.
Raffiné, ou égal au raffiné. . . .	12 sh. 10 d.		fr. 32,09
Brut, égal au terré blanc. . . .	11 » 8 »		29,17
» inférieur au terré brut. . .	10 » 6 »		26,25
» moscouade.	9 » 4 »		23,84
» bas brun	8 » 2 »		20,42

Depuis le 1er mai, ces droits sont respectivement de 12 sh., 11 sh. 3 d., 10 sh. 6 d., 9 sh. 7 d. et 8 sh.

Voici les droits imposés à la sucrerie indigène :

Raffiné.	fr. 47
Poudres blanches	45
Brut, numéros 13 à 20 . . .	44
» au-dessous du numéro 13.	42

dominant du sucre en poudre. Mais deux simples chiffres en diront plus que tout le reste. La consommation du thé en France s'est élevée à 409,388 kilog. en 1866, soit moins de 11 grammes par tête, en moyenne, tandis qu'en Angleterre cette consommation a dépassé 60 millions de kilog., soit 2 kilog. ou 2,000 grammes par tête, ou *deux cents fois plus* qu'en France.

Quel est l'homme d'Etat que ces comparaisons diverses ne feront pas réfléchir ? Et en supposant que la situation du budget permette de sacrifier une partie notable de l'impôt du sucre, quel est celui qui sera assez hardi pour croire, que « ce sacrifice momen- » tané sera *bientôt* couvert par l'augmentation de la quantité à » imposer ? »

Il nous reste à examiner deux articles du programme de Douai ; nous le ferons brièvement.

D'abord, l'abolition du droit sur les houilles. L'accueil fait une première fois à cette proposition par le Corps législatif ne permet pas d'espérer qu'elle puisse prévaloir prochainement. Au mépris des doctrines de liberté commerciale sur lesquelles il s'appuie, le gouvernement a voulu conserver cet impôt sur le combustible minéral, « ce pain de l'industrie, » non pas à titre de droit protec- teur, mais dans une vue fiscale, à cause des 9 millions qu'il rap- porte et dont on ne peut pas se passer. Il est vrai qu'on a dit, avec quelque raison, que l'abolition de cet impôt profiterait beaucoup plus au producteur étranger qu'à l'industrie française.

La sucrerie indigène fera bien de ne pas compter beaucoup sur cette mesure, à aucun titre, pour améliorer sa position.

Enfin le programme de Douai comprend aussi l'abolition des subventions industrielles. De sages paroles ont été prononcées dans l'assemblée de Douai pour engager les fabricants à n'aborder cette demande qu'avec une grande réserve. On a dit entre autres choses, que ce mode de contribution pouvait être une sauvegarde pour les industriels eux-mêmes, qui, dans certains cas, ruineraient les chemins dont ils ont le plus grand besoin, s'ils n'étaient engagés à en user discrètement par la crainte des subventions plus fortes dont ils peuvent être taxés. On peut ajouter que dans aucun Conseil général, on ne parviendrait à faire émettre un vœu tendant à l'abandon de ces ressources.

Mais de plus, suivant toute apparence, cette question n'a pas la même gravité dans tous les centres sucriers ou pour tous les fabricants.

En effet, il résulte d'un document officiel que, dans l'arrondissement de Valenciennes qui a produit, en 1865-66, 36,160,714 kilog. de sucre, les subventions industrielles imposées à 64 fabricants, se sont élevées, en 1865, à fr. 7,422, et en 1866 à fr. 9,450. En appliquant les cotes de 1866 au produit de la campagne 1865-66, on trouve fr. 116 par fabricant, et fr. 0,26 par 1,000 kilog. de sucre. On conçoit qu'on ne se préoccupe pas partout au même degré de cette question.

Nous voici arrivé au terme de ce travail. Nous avons cherché à établir :

Que la crise de l'industrie sucrière était due surtout à l'absence de la spéculation et au marasme général des affaires ;

Que la solidarité des marchés laissait aux raffineurs français une très faible part d'influence sur la fixation des prix, soit des sucres bruts, soit des sucres raffinés, et que tout semblait indiquer que, depuis un certain temps, leur marge de fabrication était restée au-dessous de celle de leurs concurrents étrangers ;

Qu'il fallait d'ailleurs considérer cette marge sur une moyenne de plusieurs années ;

Que la constitution de la raffinerie était partout la même en

Europe, malgré la diversité des modes de perception de l'impôt;

Qu'il n'y avait donc pas à espérer qu'un changement de régime fiscal en France modifierait d'une manière générale les relations entre les vendeurs et les acheteurs de sucre brut;

Que l'exportation des raffinés, liée essentiellement au régime en vigueur, profitait à la sucrerie d'une manière indirecte, mais très efficace, en déblayant le marché et en améliorant le prix des qualités spéciales, propres à l'admission temporaire;

Que l'*impôt à la consommation* était demandé par des intérêts si divers et si opposés, qu'on ne pouvait croire à leur accord sur l'interprétation de ces mots; qu'enfin, de quelque manière qu'on cherchât à concevoir la mise en pratique de cette formule, on ne trouvait rien qui dût engager, ni l'industrie à la désirer, ni l'Administration à l'adopter.

Nous avons étudié les rapports qui existent entre la France et le reste du monde commercial, quant à la production et à la consommation du sucre, et nous croyons avoir démontré, par cette revue générale, combien le dégrèvement serait onéreux au Trésor et quelles faibles compensations la sucrerie en pouvait espérer.

Enfin, nous avons écarté les vaines espérances de soulagement que la sucrerie pouvait tirer de l'abolition, tant de l'impôt des houilles, que des subventions industrielles.

Quelle est donc la conclusion de cette étude? Depuis quarante ans que la sucrerie indigène débat ses intérêts avec le gouvernement, elle a eu successivement à réclamer des priviléges: d'abord l'immunité complète, puis l'exemption partielle de l'impôt. Ensuite elle a défendu son existence, menacée par un projet d'expropriation. Elle a cherché tantôt à obtenir le maintien de surtaxes protectrices contre le sucre étranger, tantôt à faire cesser le privilége concédé aux colonies, sous forme de détaxes. Enfin, en 1864, elle a réclamé et obtenu une chose très considérable: l'application du droit commun en ce qui concerne l'exportation après raffinage.

Ces luttes prolongées semblent avoir donné aux défenseurs de la sucrerie indigène l'habitude de faire remonter tous leurs griefs à la législation fiscale, et la pensée que le gouvernement a toujours en mains les moyens de soulager leurs souffrances. Cela pourrait être une illusion funeste, si les fabricants de sucre, renonçant à se conduire comme ceux qui exploitent les autres industries, n'appliquaient pas toute leur attention et tous leurs efforts à se munir des conditions de succès qui sont en leur pouvoir.

Néanmoins, il faut le dire, si l'on élève chaque jour de nouvelles usines, comme on l'a proclamé à Douai, c'est apparemment que l'on espère y trouver la rémunération de ses capitaux et de son activité. Et sur quoi se fonde cet espoir? En admettant que les projets en cours d'exécution ont été formés avant la crise actuelle, c'est sur la situation et sur les perspectives d'avenir de la sucrerie en 1866 que l'on a dû calculer. Or, la campagne 1865-66 a commencé par le cours de fr. 56 à Lille au 31 août, et après diverses fluctuations, qui portent la moyenne des sept premiers mois à fr. 56.95, on était encore à fr. 56 au 31 mars. Si ces prix sont rémunérateurs pour les uns, et s'ils sont insuffisants pour les autres, aucune loi, aucun régime ne peut assurer l'existence de ces derniers, qui succomberont tôt ou tard devant des concurrents toujours plus actifs et plus envahissants, à moins qu'ils ne parviennent à modifier leurs prix de revient par les perfectionnements techniques, par l'abaissement du prix ou l'amélioration de qualité de la matière première.

Nous croyons devoir reproduire ici à la suite de ce travail, et malgré certaines répétitions qu'elles présentent, deux notes qui ont paru dans un recueil périodique.

NOTE

SUR LE PROGRAMME DU COMITÉ SUCRIER
DE DOUAI

La sucrerie indigène traverse un état de crise, cela n'est pas douteux, surtout dans le Nord. Mais y a-t-il quelques mesures législatives ou administratives qui pourraient améliorer cette situation d'une manière sensible, et y a-t-il chance d'obtenir l'adoption de ces mesures ?

Que la sucrerie adresse ses doléances au Gouvernement, et avant de s'occuper des remèdes qu'elle pourrait réclamer, on lui répondra :

1° La présente campagne est mauvaise, mais la précédente était bonne : les industries ne peuvent prétendre à une série non interrompue de succès. La filature du lin, par exemple, est dans une souffrance bien plus grande : mais elle ne demande rien au Gouvernement, parce que son produit n'est pas une matière imposable.

2° Supposez que la betterave ait bien réussi, et le prix de revient du sucre serait moins élevé. Supposez en même temps que les affaires soient actives, au lieu d'être partout et en tout dans la plus grande stagnation, et les prix de vente se relèveraient, parce que les stocks n'ont rien d'excessif et que la consommation ne se ralentit pas, malgré la cherté du pain. Dans ces deux hypothèses, la sucrerie est satisfaite et ne demande rien au Gouvernement : donc le Gouvernement n'a pas le remède dans la main.

3° La sucrerie indigène a remporté, il y a trois ans, une grande victoire, en faisant admettre ses produits au droit commun pour l'exportation après raffinage. Depuis lors, c'est elle qui profite indirectement, mais très réellement, des avantages du drawback, dans la proportion de plus des deux tiers : le surplus est resté la part du sucre étranger, qui avait le monopole autrefois.

4° On peut attribuer à ces dernières mesures législatives le développement rapide qu'a pris depuis lors la sucrerie. Mais ce développement a été trop rapide, et c'est une des causes de la crise. Comment croire d'ailleurs que la situation soit radicalement mauvaise, en ce moment où l'on organise encore un grand nombre d'établissements nouveaux pour la campagne prochaine?

Voici quel a été le mouvement de la sucrerie de betteraves en Europe dans les quatre dernières campagnes, y compris la campagne 1866-67, pour laquelle on n'a que des nombres approximatifs. Les produits belges et hollandais étant affranchis de toute surtaxe en France, il y a solidarité entre les trois pays : c'est pourquoi ils sont confondus dans le tableau suivant :

	1863-64	1864-65	1865-66	1866-67
France, Belgique, Hollande. .	130.998 Tx	173.409 Tx	319.066 Tx	267.500 Tx.
Reste de l'Europe.	291.172	343.450	351.103	377.500
	422.170	516.859	670.169	655.000

5° Le Gouvernement, l'Administration, les députés, sont fatigués, au-delà de toute expression, de s'occuper depuis plus de 30 ans de la question des sucres, qu'ils croient avoir réglée d'une manière définitive, sur la base du droit commun et de la liberté commerciale, par la loi de 1864 et par la convention internationale. D'ailleurs cette convention elle-même n'a pas encore produit tous ses effets, puisque c'est à dater du 1er mai seulement qu'on en appliquera la dernière formule. Le moment serait donc bien mal choisi pour agiter de nouveau cette question.

Admettons néanmoins que l'on consente à écouter la sucrerie, et examinons les diverses mesures proposées par le comité de Douai sous le double point de vue de leur utilité pratique et des chances qu'on aurait de les faire réussir.

Occupons-nous d'abord des mesures qui se rapportent directement au régime fiscal et administratif des sucres.

1° L'impôt à la consommation.

Dans le sens pratique du mot, l'impôt à la consommation est en vigueur en France depuis que, par la création des entrepôts, on a cessé d'exiger l'impôt du fabricant lui-même, à la sortie de sa fabrique, pour en reporter la perception à l'entrée en raffinerie.

Pour les fabricants-raffineurs, et pour les producteurs de poudres blanches, la perception de l'impôt est encore plus éloignée, puisqu'elle n'a lieu qu'au moment où le produit est livré au commerce d'épicerie.

Mais cela ne suffit pas à quelques économistes, suivis d'un certain nombre de fabricants, qui acclament l'impôt à la consommation comme un remède souverain, sans se rendre compte ni des moyens d'application, ni de l'action qu'il exercerait sur la fabrication du sucre et sur les prix de vente.

On veut que l'impôt soit perçu, non à l'entrée de la raffinerie, mais à la sortie.

A ce projet on objectera d'abord, au point de vue du Gouvernement :

Qu'il porterait au budget, pour la première année, un préjudice irrémédiable et sans compensation, puisqu'il annulerait toute perception pendant le temps nécessaire pour les opérations du raffinage, y compris la livraison au commerce. Et comme les raffineries seraient transformées en entrepôt, on n'y puiserait qu'au fur et à mesure des besoins les plus pressants ; on diminuerait les stocks de l'épicerie, sans avoir même besoin de restreindre les achats. Or, sur un produit annuel de 112 millions de fr., on peut calculer que ce retard de perception ne serait pas une bagatelle.

Ensuite il faudrait augmenter le personnel pour l'exercice des raffineries.

Puis il s'agirait de trouver une nouvelle assiette de l'impôt, ce qui ne serait pas un mince travail.

Et malgré tout, l'Administration ne serait pas rassurée sur les dangers de fraude, car un régime analogue, expérimenté en Angleterre, a donné des résultats désastreux, malgré les rigueurs draconiennes de l'administration fiscale.

Du côté de la sucrerie, quels avantages espère-t-on de l'impôt à la consommation ? Est-ce une répartition plus équitable et mieux proportionnée de l'impôt sur les diverses catégories de sucre brut ? Cela supposerait qu'il y a aujourd'hui certaines catégories avantagées, d'autres qui sont sacrifiées. S'il en est ainsi, ce que l'on peut contester, l'équilibre ne doit pas tarder à se rétablir, parce que chaque fabricant est assez ingénieux pour adapter son travail au régime en vigueur, de manière à ce que ses produits obtiennent sur le marché le prix le plus avantageux possible, eu égard à l'impôt qui les frappe, et eu égard aux ressources industrielles dont il dispose. Changer l'assiette de l'impôt, ce ne serait qu'obliger un grand nombre de fabricants à faire de nouveaux efforts pour trouver leur équilibre dans les nouvelles conditions.

Enfin la convention internationale fait naître des objections non moins graves, au point de vue du Gouvernement, comme à celui de la sucrerie.

En effet, le Gouvernement est lié pour plusieurs années, et la convention repose sur la base du régime en vigueur. Quant à la sucrerie, elle aurait trop à perdre, si elle compromettait les résultats de cette convention, qui règle l'exportation après raffinage, de manière à lui en assurer la part la plus avantageuse.

2° Le dégrèvement.

On a fait l'expérience du dégrèvement, et on y a renoncé. Ce n'est pas au moment où le Gouvernement a tant besoin d'argent qu'il laisserait porter atteinte à un revenu de 112 millions, constamment progressif.

Quand le sucre ne produisait que 60 millions, on aurait été fondé à dire : Réduisez l'impôt de moitié et, dans quelques années, les progrès de la consommation surexcités par le bas prix, auront rétabli l'équilibre budgétaire. Et, en effet, si le dégrèvement avait été adopté alors, ce résultat serait atteint aujourd'hui. Avec un impôt moitié moindre, depuis douze ans, la consommation actuelle serait plus élevée qu'elle n'est, et le produit net de l'impôt dépasserait notablement 60 millions. Mais le Trésor aurait subi un déficit considérable pendant la période de transition, et il aurait perdu les énormes augmentations de ressources que lui a procurées le progrès normal de la consommation.

On peut soutenir que les sacrifices imposés au Trésor dans ce sens n'auraient pas leur compensation suffisante, au point de vue des intérêts généraux, dans la jouissance plus grande accordée aux consommateurs, ni dans les avantages procurés aux fabricants et aux cultivateurs par le développement de l'industrie betteravière.

La consommation du sucre n'est pas susceptible d'un développement illimité, tant s'en faut. On peut en juger par l'exemple de l'Allemagne et de l'Autriche, où la consommation, par tête, est sensiblement au-dessous de la nôtre, avec un impôt moitié moindre, et par l'exemple de la Suisse, où la consommation atteint à peine celle de la France, tandis que l'impôt y est à peu près nul.

Enfin, tout en admettant que le dégrèvement eût accéléré les progrès de la consommation, on peut se demander encore si la sucrerie aurait obtenu pour cela des prix plus rémunérateurs. En effet, rien ne prouve que la production ne se fût pas, en même temps, développée d'une manière plus rapide, tant en France que dans les autres états de l'Europe, qui peuvent nous envoyer leurs sucres, soit grevés d'une minime surtaxe de 2 francs, soit sans surtaxe aucune.

Le Zollverein et l'Autriche semblent avoir des ressources illimitées pour la production du sucre, qui a donné 270 millions de kil. en 1865-66, et qui en donnera autant en 1866-67, malgré le mauvais résultat de la récolte. Or, un quart au moins de ces quantités passe à l'exportation, et c'est l'Angleterre et la France qui en reçoivent la plus grande part.

3° *L'entrée des sucres dans les fabriques.*

C'est une question bien secondaire, et dont la solution, si favorable qu'on la suppose, n'aura que bien peu d'influence sur le prix des sucres bruts. Déjà les fabricants-raffineurs ont toute latitude à cet égard. Si quelques autres fabricants croient avoir intérêt à pouvoir introduire à l'occasion dans leur travail certains produits de leurs voisins, pour leur faire subir un complément d'épuration, une sorte de raffinage, rien ne les empêche de se déclarer raffineurs, pour avoir tous les priviléges attachés à cette qualité. Il suffit qu'ils introduisent dans leur usine dix formes à pains, dussent-ils ne s'en servir qu'une fois par an pour préparer le sucre raffiné destiné à la consommation de leur ménage.

Restent deux questions étrangères au régime fiscal des sucres.

4° *La libre entrée des houilles.*

Cette question a été discutée, et jugée négativement par le Corps législatif, dans la séance du 13 mars. Il s'agit d'un revenu de 9 millions, qu'on ne sacrifiera pas de gaîté de cœur, alors que, suivant toute apparence, ce sacrifice profiterait beaucoup plus aux producteurs étrangers qu'aux consommateurs français. Le moment serait mal choisi pour revenir à la charge.

5° *L'abolition des subventions industrielles.*

Il est possible que l'assiette de ces contributions soit susceptible d'améliorations, mais le principe n'en est pas contestable. Dans les départements sucriers, les frais d'entretien des routes de toute catégorie suivent une progression correspondant au développement de la culture de la betterave.

Cela tient évidemment aux dégradations provenant des charrois de ces récoltes si pesantes, effectués dans la plus mauvaise saison. Les subventions industrielles sont un moyen de mettre une partie, mais une partie seulement, de ces dégradations extraordinaires à la charge de ceux qui les occasionnent, et de décharger d'autant le budget général du département. S'il y a dans un département des localités où les frais d'entretien ne se sont pas aggravés, parce qu'on a continué d'y cultiver l'œillette, le chanvre, le colza, à l'exclusion de la betterave, il n'est pas juste que les contribuables de ces localités voient leurs impôts s'augmenter pour réparer les dégâts causés par une culture qui leur est étrangère. Voilà ce que répondront les Conseils généraux et l'Administration supérieure, aux réclamations de la sucrerie contre les subventions industrielles.

Que si les fabricants prétendent qu'il serait juste de faire acquitter ces contributions par l'agriculture et non par l'industrie, le remède est dans leurs mains : qu'ils paient la betterave moins cher.

En définitive, c'est dans le prix de la betterave que se trouve le remède unique, ou du moins, le remède principal, de la situation.

La sucrerie française a maintenant à lutter, sur son propre marché, comme sur les marchés étrangers, avec les industries similaires de Prusse et d'Autriche. Or, la supériorité de ces pays consiste dans la qualité de la betterave, qui donne des rendements moyens de 8 0/0. Si l'on ne peut obtenir les mêmes betteraves en France, il faut en diminuer le prix. Il faut aussi rechercher s'il n'y aurait pas quelque moyen d'amener la culture française, dans le Nord principalement, à produire des betteraves de meilleure qualité. Rien ne serait plus sage que d'encourager cette réforme par une augmentation de prix. En effet, la betterave plus riche est aussi de meilleure garde, et c'est ce qui fait qu'on travaille en Allemagne pendant cinq et six mois, tandis qu'en France on tend de plus en plus à ne pas prolonger le travail au-delà du nouvel an, et on a raison. C'est la dégénérescence progressive de la betterave qui a forcé les fabricants à restreindre ainsi la durée de leur campagne. Mais on conçoit qu'avec la possibilité de travailler un temps double, on réduit notablement les frais généraux, tout en donnant plus de satisfaction aux ouvriers, qu'on occupe pendant toute la durée de la mauvaise saison. Aussi pour fixer la valeur comparative de deux qualités de betteraves, dont l'une produirait 5 0/0 de sucre, l'autre 8 0/0, il ne faut pas tenir compte seulement de la différence de rendement, mais encore du plus ou moins de facilité de la conservation.

La sucrerie doit donc chercher en elle-même les moyens d'améliorer sa position, et ne plus compter, comme autrefois, sur le Gouvernement.

Il ne reste plus qu'une chose à demander au Gouvernement, mais le moment n'est pas venu : c'est que les colonies soient ramenées au droit commun, par la suppression de la détaxe de 5 fr., quand viendra le terme fixé pour la jouissance de cette faveur; mais que si cependant il était reconnu alors qu'elles ont encore besoin d'assistance, on leur alloue une indemnité directe, en argent, au lieu d'en faire supporter la charge à la sucrerie indigène, en la soumettant à une concurrence inégale.

On peut être assuré que par suite d'une telle mesure, la première place appartiendrait désormais sur le marché français au sucre indigène, qui n'y serait plus primé par les cent ou cent vingt millions de kilog. de sucres coloniaux. Ceux-ci, entièrement assimilés désormais aux produits des colonies étrangères, prendraient leur débouché sur les marchés qui leur offriraient le plus d'avantage, les uns à New-York, les autres en Australie. La France n'en recevrait donc plus qu'une proportion limitée et dans des conditions d'égalité qui mettraient la sucrerie indigène beaucoup plus à son aise.

H. BERNARD.

Mars 1867.

(Extrait de *La Sucrerie indigène*, de Valenciennes).

NOTE

SUR L'EXPORTATION DES SUCRES RAFFINÉS

AU POINT DE VUE DE LA SUCRERIE INDIGÈNE

Beaucoup de fabricants ignorent à peu près comment l'exportation des sucres raffinés les intéresse, et surtout comment ils doivent se conduire pour tirer de cette exportation le plus grand avantage possible. Nous allons tâcher de les initier à cette question.

Depuis qu'il n'y a plus de restitution de droit à la sortie, les sucres raffinés ne peuvent plus être exportés que pour servir à la décharge *d'obligations provisoires*, souscrites pour la mise en œuvre des sucres bruts, sous le régime de l'*admission temporaire*.

Ces obligations provisoires doivent être déchargées dans les deux mois, et le raffineur qui les souscrit, s'il ne peut produire en temps des certificats d'exportation pour la quantité correspondante, sera forcé de les acquitter en argent et perdra ainsi deux mois de terme sur les droits, puisque les obligations ordinaires sont payables à quatre mois.

Voici d'après le tableau du commerce, publié par la Douane, quelles ont été les quantités de sucres bruts déclarés sous le régime de l'admission temporaire, en janvier 1867 :

Sucres étrangers au-dessous du n° 13 . . .	5,116,497 kil.
— n° 13 et au-dessus	837,629
Sucres coloniaux au-dessous du n° 13 . . .	16,653
Sucres indigènes au-dessous du n° 13 . . .	4,368,726
— n° 13 et au-dessus	4,080,546
Total. . .	14,420,051 kil.

Disons d'abord que, comme on ne doit pas compter sur une exportation mensuelle de plus de 9 millions de kilos de raffinés, correspondant environ à 10,800,000 kilos de sucres bruts, les souscripteurs des obligations provisoires de janvier auront, suivant toute apparence, à en acquitter environ le quart en numéraire, ce qui constitue un sacrifice de deux mois de terme sur une somme de 1,500,000 à 1,600,000 francs.

Pourquoi s'expose-t-on à ce sacrifice? C'est que, sur les trois autres quarts, appliqués utilement à l'exportation, il y a une compensation plus que suffisante.

D'un autre côté, les obligations provisoires et les exportations ne se balancent pas exactement pour chaque raffineur : il s'en faut de beaucoup. Les sucres coloniaux à cause de leur détaxe de 5 francs sont impropres à l'exportation, sauf, dans certains cas, les qualités inférieures au type n° 6 qui sont très-rares. Et cependant la masse des sucres coloniaux est consommée par les raffineurs des ports qui font presque toute l'exportation.

Il s'établit donc, entre ceux-ci et les raffineurs de Paris et du Nord, sur les *certificats d'exportation*, un trafic considérable au moyen duquel les exportations s'opèrent librement et sûrement. Mais cette sécurité ne s'obtient qu'au prix d'une certaine surabondance du côté des obligations provisoires.

On voit qu'en janvier il a été déclaré, sous le régime de l'admission temporaire, 8,449,272 kilos de sucres indigènes, soit environ la moitié de ceux qui ont été livrés à la consommation. Sur les 5,954,126 kilos de sucres étrangers, entrés sous le même régime, on peut estimer qu'il y a plus de 1,500,000 kilos de sucres de betteraves de Belgique et de Hollande, assimilés tout à fait aux nôtres, avec lesquels ils font cause commune, absolument comme si ces deux pays étaient annexés à la France. C'est donc une part de plus des deux tiers que prend le sucre de betteraves dans le mouvement de l'exportation après raffinage, et il convient que les fabricants s'en préoccupent en conséquence.

Nous avons dit que plus de la moitié des certificats d'exportation font l'objet d'un trafic. Ce sont des documents qui ont un cours variable, comme la marchandise. Et quand même ils sont utilisés directement par le raffineur auquel la Douane les délivre, il n'en fait pas moins ses calculs d'après le prix auquel il pourrait vendre ou acheter des titres semblables.

Ces titres valent aujourd'hui 49 francs les 100 kilos ; ils ont valu l'année dernière de 51 à 49 francs, et en moyenne plus de 50 francs. Sous l'empire des nouveaux rendements, qui seront appliqués dès le 1er mai, on s'attend à les voir baisser encore jusqu'à 48 francs.

Le tableau ci-dessous montre à quel taux reviennent les droits sur les diverses catégories de sucres, lorsqu'on les acquitte *en papier*, c'est-à-dire au moyen de certificats d'exportation, suivant le cours de ces documents ; ce tableau comprend également les prévisions appliquées aux nouveaux rendements.

Tableau des droits acquittés en papier

Sur les diverses catégories de sucres, suivant le prix des certificats d'exportation, aux rendements actuels et aux rendements nouveaux.

TYPES.	Droit nominal.	Rendements actuels.	CERTIFICATS au prix de		Rendements nouveaux.	CERTIFICATS au prix de		
			50 F.	49 F.		49 F.	48 F.	47 F.
1° 15, 16, 17, 18	44	87 %	43 50	42 63	94 %	46 06	45 12	44 18
2° 13, 14	44	85 %	42 50	41 65	88 %	43 12	42 24	41 36
3° 10, 11, 12	42	85 %	42 50	41 65	88 %	43 12	42 24	41 36
4° 7, 8, 9	42	81 %	40 50	39 69	80 %	39 20	38 40	37 60
5° Inférieur à 7	42	76 %	38 »	37 24	67 %	32 83	32 16	31 49

Pour se rendre compte de l'avantage qu'il peut y avoir à acquitter les droits en argent ou en papier, il convient d'ajouter aux chiffres de ce tableau un pour cent, soit 40 centimes par 100 kilos, chiffre rond, pour compenser le sacrifice des deux mois de terme.

On voit ainsi qu'aux rendements actuels toutes les catégories, sauf la 3e, celle des nos 10 à 12, présentent un avantage plus ou moins grand à l'acquittement en papier, même au cours de 50 fr., tandis qu'au cours de 48 francs, avec les rendements nouveaux, l'acquittement en papier deviendra en outre impossible pour la première catégorie, celle des types nos 15 à 18.

Un autre enseignement qui résulte d'une étude attentive de ce tableau, c'est que si l'on avait tort jusqu'ici de se préoccuper uniquement des questions de *petit droit* ou de *grand droit*, le tort serait plus grave encore sous les nouveaux rendements, qui établissent un écart de 8 %, 80 à 88, entre la quatrième catégorie et la troisième, tandis qu'il n'était autrefois que de 4 %, 81 à 85.

En réalité les fabricants doivent ne pas perdre de vue qu'entre les types nos 6 et 20 il y a, non pas deux catégories de sucres, payant 42 et 44 francs, mais bien cinq catégories, payant des droits plus ou moins espacés et variables.

Il faut donc qu'en envoyant leurs sucres, soit à l'entrepôt, soit chez le raffineur, ils aient soin de faire déterminer exactement par l'acquit à caution, et au point de vue de leur intérêt, à laquelle de ces cinq catégories leurs sucres appartiennent. Il faut surtout, autant que leur organisation le leur permet, que, soit par leur travail, soit par des mélanges, ils évitent de livrer au commerce des sucres appartenant aux types les plus défavorablement traités. Les sucres nos 10 à 12 sont évidemment dans ce cas, et plutôt que de rester dans cette médiocrité malheureuse, il est désirable soit de descendre au-dessous du no 10, soit de s'élever jusqu'au no 14.

Qu'on n'oublie pas surtout que les types de l'administration financière dépassent environ d'un degré les types du commerce, et qu'en outre chacune des catégories s'étend jusqu'à la limite du type supérieur. La classe no 4, celle des nos 7 à 9, s'étend jusqu'au n° 10 de la régie *exclusivement*, c'est-à-dire fort près de la limite du type commercial n° 11. De même la classe n° 2, celle n°ˢ 13 et 14, comprend des sucres qui se rapprochent beaucoup du type commercial n° 16.

H. BERNARD.

Mars 1867.

(Extrait de *La Sucrerie indigène*, de Valenciennes).

LILLE. — IMP. LEFEBVRE-DUCROCQ, RUE ESQUERMOISE, 57.

LILLE. — IMP. LEFEBVRE-DUCROCQ, RUE ESQUERMOISE.